AF303580

Fluch oder Segen?

Pflanzenschutzmittel im Ackerbau- ein Praxisbeispiel

Rolf Steinkampf, Mönchevahlberg

Bibliographische Informationen der Deutschen Nationalbibliothek

Die Deutsche Nationalbibliothek verzeichnet diese Publikation in der Deutschen Nationalbibliografie, detaillierte bibliografische Daten sind im Internet unter http://dbn.dbn.de abrufbar.

© 2019 Rolf Steinkampf

Herstellung und Verlag:

BoD- Books on Demand, Norderstedt

ISBN 978-3-7494-5430-3

Inhalt

Einführung

In Deutschland ist es heute politisch korrekt, jede Art von Beschimpfung oder Verleumdung über die Landwirtschaft auszusprechen. Kenntnisse sind dafür nicht notwendig. Bevölkerung, Politik und Medien genügen Schlagworte und Halbwahrheiten. Es ist ein sich selbst verstärkendes Wechselspiel, das zu immer absurderen Zuständen z.B. in der Zulassung von Pflanzenschutzmitteln führt. Es geht nicht mehr um Fakten, es geht um Ideologien.

Unser Wohlstand, unsere Gesundheit und ständig steigende, hohe Lebenserwartung, aber auch die uns umgebende Natur jedoch profitieren vom gezielten und sachgerechten Einsatz von chemischen Pflanzenschutzmitteln. Dieses Buch soll dazu anregen, sich selbst ein Bild zu verschaffen.

Ein Praxisbeispiel aus dem Ackerbau

In vielen Schriften wird von *den Pflanzenschutzmitteln* (oder Pestiziden, dass klingt so schön unschön) gesprochen, die Ursache für dieses oder jenes Ereignis seien. Allgemeinaussagen dieser Art sind unsinnig und ideologisch motiviert: Frauen können nicht Autofahren, Italiener essen immer Spaghetti usw. Es ist schon notwendig, genauer hinzusehen und sich mit den Einzelheiten zu befassen. Allein die Tatsache, dass von den 300 Litern Wasser, die der Landwirt mit der Pflanzenschutzspritze auf 10.000 m² verteilt, nur vielleicht 100 g oder weniger Wirkstoffe sind, ist den Meisten nicht bewusst. Deshalb müssen wir uns zunächst ein Bild verschaffen, was ein Landwirt beispielsweise auf seinem Weizen- oder Zuckerrübenfeld ausbringt. Das mag zunächst langweilig erscheinen. Für das Verständnis der weiteren Betrachtungen ist es aber unumgänglich. Hier ein exemplarisches Praxisbeispiel aus 2018:

Die zu den Produkten angeführten Hinweise entstammen den Gebrauchsanweisungen oder den Sicherheitsdatenblättern, die im Internet frei zugänglich sind.

Boxer

Anwendung: 10. Oktober, Vorauflauf Winterweizen, Herbizid

Aufwandmenge	Wirkstoff	Gehalt/l	Wirkstoff/ha	Summenformel
3 l/ha	Prosulfocarb	800 g/l	2,4 l	$C_{14}H_{21}NOS$

NW262: Das Mittel ist giftig für Algen. NW264: Das Mittel ist giftig für Fische und Fischnährtiere.

NB6641: Das Mittel wird bis zu der höchsten durch die Zulassung festgelegten Aufwandmenge oder Anwendungskonzentration, falls eine Aufwandmenge nicht vorgesehen ist, als <u>nicht bienengefährlich eingestuft (B4)</u>.

NN130: Das Mittel wird als nicht schädigend für Populationen der Arten Pardosa amentata und palustris (Wolfspinnen) eingestuft.

NN166:Das Mittel wird als <u>nicht schädigend für Populationen der Art Pterostichus melanarius</u> (Laufkäfer) eingestuft

Ergebnisse der PBT- und vPvB-Beurteilung

Bewertung : Dieser Stoff/diese Mischung enthält <u>keine Komponenten</u> in

Konzentrationen von 0,1 % oder höher, die persistent, bioakkumulierbar und/ oder toxisch (PBT) sind

Herold SC

Anwendung: 10. Oktober, Vorauflauf Winterweizen, Herbizid

Aufwand menge	Wirkstoff	Ge halt / l	Wirk stoff / ha	Summen formel
600 ml/ ha	Fluofenac et	400 g	240 g	$C_{14}H_{13}F_4N_3O_2S$
	Difluofeni can	200 g	120 g	$C_{19}H_{11}F_5N_2O_2$

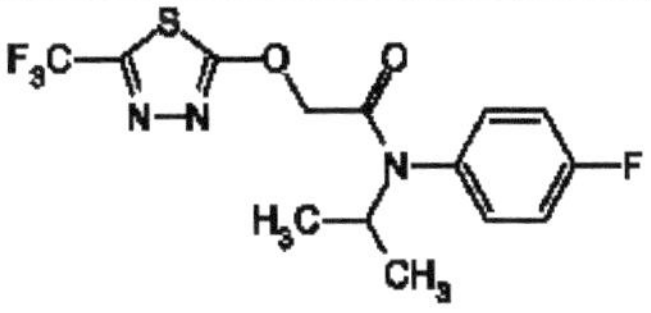

Fluofenacet

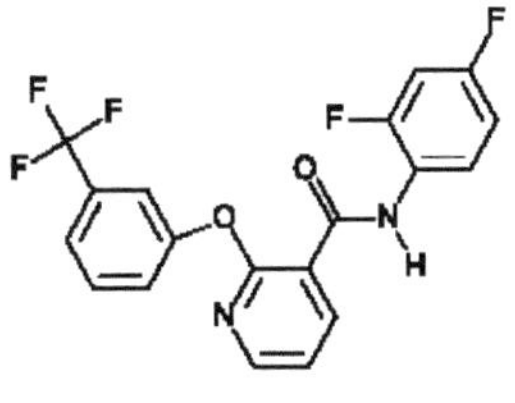

Difloufenican

(NB6641) Das Mittel wird bis zu der höchsten durch die Zulassung festgelegten Aufwandmenge oder Anwendungskonzentration, falls eine Aufwandmenge nicht vorgesehen ist, als <u>nicht bienengefährlich</u> eingestuft (B4).

(NN160) Das Mittel wird als <u>nichtschädigend für Populationen der Art Aleochara bilineata (Kurzflügelkäfer)</u> eingestuft.
(NN165) Das Mittel wird als <u>nichtschädigend für Populationen der Art Poecilus cupreus (Laufkäfer) eingestuft.</u>

 (NW262) Das Mittel ist giftig für Algen. (NW264) Das Mittel ist giftig für Fische und Fischnährtiere. (NW265) Das Mittel ist giftig für höhere Wasserpflanzen

Flufenacet/Diflufenican: Stoff wird <u>nicht als persistent, bioakkumulierbar und toxisch (PBT)</u> angesehen. Stoff wird nicht als sehr persistent und sehr bioakkumulierbar (vPvB) angesehen.

Input classic

Anwendung: 27. April, Winterweizen 2. Knoten EC 32 (große Bierflaschenhöhe), Fungizid

Aufwandmenge	Wirk-stoff	Gehalt / l	Wirk stoff / ha	Summenformel
600 ml/ ha	Prothio conazol	160 g	96 g	$C_{14}H_{15}Cl_2N_3OS$
	Spiroxa min	300 g	180 g	$C_{18}H_{34}NO_2$

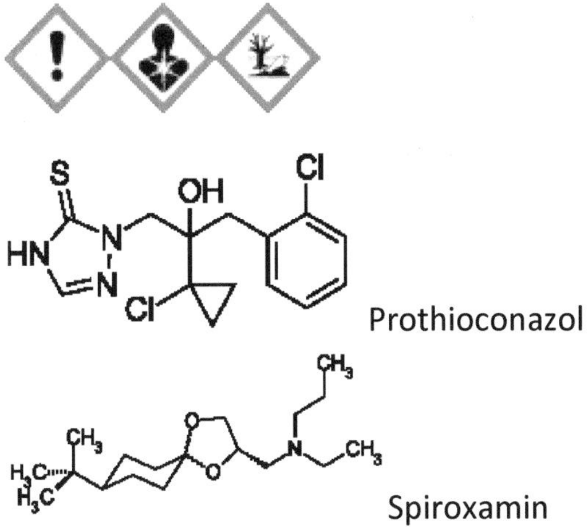

Prothioconazol

Spiroxamin

(NB6641) Das Mittel wird bis zu der höchsten durch die Zulassung festgelegten Aufwandmenge oder Anwendungskonzentration, falls eine Aufwandmenge nicht vorgesehen ist, als nicht bienengefährlich eingestuft (B4).

(NN1842) Das Mittel wird als nichtschädigend für Populationen der Art Aphidius rhopalosiphi (Brackwespe) eingestuft.

(NN261) Das Mittel wird als schwachschädigend für Populationen der Art Coccinella septempunctata (Siebenpunkt-Marienkäfer) eingestuft.

(NW262) Das Mittel ist giftig für Algen. (NW264) Das Mittel ist giftig für Fische und Fischnährtiere. (NW265) Das Mittel ist giftig für höhere Wasserpflanzen.

Ermittlung der PBT- und vPvB-Eigenschaften

Prothioconazol: Stoff wird nicht als persistent, bioakkumulierbar und toxisch (PBT) angesehen. Stoff wird nicht als sehr persistent und sehr bioakkumulierbar (vPvB) angesehen.

Spiroxamin: Stoff wird <u>nicht als persistent, bioakkumulierbar und toxisch</u> (PBT) angesehen. Stoff wird <u>nicht als sehr persistent und sehr bioakkumulierbar (vPvB) angesehen.</u>

Cycocel

Anwendung 27. April, Winterweizen 2. Knoten EC 32, Wachstumsregler

Aufwandmenge	Wirkstoff	Gehalt/ l	Wirkstoff/ ha	Summenformel
1 l/ ha	Chlormequat- Chlorid	720 g	720 g	$C_5H_{13}Cl_2N$

Cl — CH₃ — N⊕ — CH₃ — CH₃ — Cl⊖   Chlormequat-

Chlorid

(NB6641) Das Mittel wird bis zu der höchsten durch die Zulassung festgelegten Aufwandmenge oder Anwendungskonzentration, falls eine Aufwandmenge nicht vorgesehen ist, als <u>nicht bienengefährlich eingestuft (B4).</u>

(NN1002) Das Mittel wird als <u>nichtschädigend für Populationen relevanter Raubmilben und Spinnen eingestuft.</u>

(NN2001) Das Mittel wird als <u>schwach schädigend für Populationen relevanter Nutzinsekten eingestuft.</u>

Wasserorganismen: (NW265) Das Mittel ist giftig für höhere Wasserpflanzen.

Ergebnisse der PBT- und vPvB-Beurteilung

Dieses Gemisch <u>enthält keinen Stoff, der als persistent, bioakkumulierbar und toxisch (PBT)</u> betrachtet wird. Dieses Gemisch enthält keinen Stoff, der als sehr persistent und sehr bioakkumulierbar (vPvB) betrachtet wird.

Moddus

Anwendung: 27. April, Winterweizen 2. Knoten EC 32, Wachstumsregler

Aufwand menge	Wirk stoff	Geh alt/ l	Wirks toff/ ha	Summen formel
400 ml/ ha	Trinex apac- ethyl	250 g	100 g	$C_{11}H_{12}O_5$

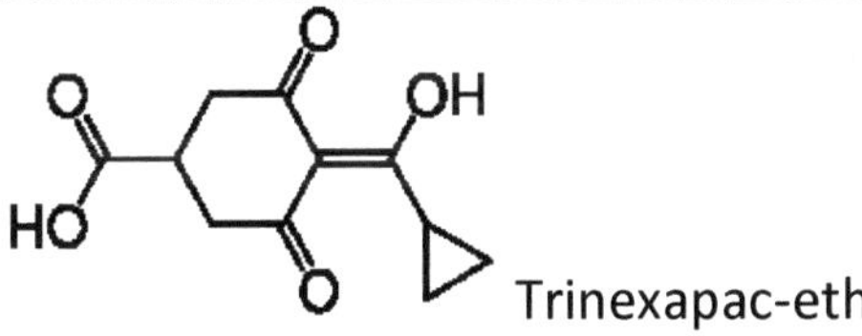

Trinexapac-ethyl

Trinexapac-ethyl:

Bioakkumulation

: Anmerkungen: Keine Bioakkumulation.

Ergebnisse der PBT- und vPvB-Beurteilung:

Dieser Stoff/diese Mischung enthält <u>keine Komponenten</u> in

Konzentrationen von 0,1 % oder höher, die entweder als persistent, bioakkumulierbar und toxisch (PBT) oder sehr persistent und sehr bioakkumulierbar (vPvB) eingestuft sind..

NW261: Das Mittel ist fischgiftig. NW262: Das Mittel ist giftig für Algen. NW265: Das Mittel ist giftig für höhere Wasserpflanzen.

NB6641: Das Mittel wird bis zu der höchsten durch die Zulassung festgelegten Aufwandmenge oder Anwendungskonzentration, falls eine Aufwandmenge nicht vorgesehen ist, als <u>nicht bienengefährlich eingestuft (B4).</u>

NN261:Das Mittel wird als <u>schwach schädigend für Populationen der Art Coccinella septempunctata (Siebenpunkt-Marienkäfer)</u> eingestuft.

NN165: Das Mittel wird als nicht schädigend für Populationen der Art Poecilus cupreus (Laufkäfer) eingestuft.

NN130: Das Mittel wird <u>als nicht schädigend für Populationen der Arten Pardosa amentata und palustris (Wolfspinnen) eingestuft.</u>

NN1842: <u>Das Mittel wird als nicht schädigend für Populationen der Art Aphidius rhopalosiphi (Brackwespe) eingestuft.</u>

NN160: Das Mittel wird als <u>nicht schädigend für Populationen der Art Aleochara bilineata (Kurzflügelkäfer) eingestuft.</u>

NN170: Das Mittel wird als <u>nicht schädigend für Populationen der Art Chrysoperla carnea (Florfliege) eingestuft.</u>

Adexar

Anwendung: 14. Mai, Winterweizen vor Ährenschieben EC 39, Fungizid

Aufwand menge	Wirk stoff	Geh alt/ l	Wirks toff/ ha	Summen formel
1 l/ ha	Epoxic onazol	62,5 g	62.5 g	$C_{17}H_{13}ClFN_3O$
	Fluxap yroxad	62,5 g	62,5 g	$C_{18}H_{12}F_5N_3O$

Epoxiconazol

Fluxapyroxad

Wasserorganismen : (NW262) Das Mittel ist giftig für Algen. (NW264) Das Mittel ist giftig für Fische und Fischnährtiere. (NW265) Das Mittel ist giftig für höhere Wasserpflanzen.

Bienen: (NB6641) Das Mittel wird bis zu der höchsten durch die Zulassung festgelegten Aufwandmenge oder Anwendungskonzentration, falls eine Aufwandmenge nicht vorgesehen ist, als nicht bienengefährlich eingestuft (**B4**).

Nutzorganismen: (NN3002) Das Mittel wird als schädigend für Populationen relevanter Raubmilben und Spinnen eingestuft.

(NN1001) Das Mittel wird als <u>nicht schädigend für Populationen relevanter Nutzin-sekten eingestuft.</u>

Eoxiconazol Bioakkumulationspotential: <u>Reichert sich in Organismen nicht an.</u>

fluxapyroxad Bioakkumulationspotential: <u>Reichert sich in Organismen nicht an.</u>

Bulldock

Anwendung: 14. Mai, Winterweizen vor Ährenschieben EC 39, Insektizid

Aufwandmenge	Wirkstoff	Gehalt/l	Wirkstoff/ha	Summenformel
300 ml/ha	beta-Cyflutrin	25 g	7,5 g	$C_{22}H_{18}Cl_2FNO_3$

Cyflutrin

<u>Kein Bioakkumulationspotential, keine Einstufung als PBT oder vPvB Stoff</u>

(NB6621) Das Mittel wird als <u>bienengefährlich, außer bei Anwendung nach dem Ende des täglichen Bienenfluges in dem zu behandelnden Bestand bis 23.00 Uhr, eingestuft (B2).</u> Es darf außerhalb dieses Zeitraums nicht auf blühende oder von Bienen beflogene Pflanzen ausgebracht werden; dies gilt auch für Unkräuter. Bienenschutzverordnung vom 22. Juli 1992, BGBl. I S. 1410, beachten. (NN400) <u>Das Mittel wird als schädigend für Populationen relevanter Nutzorganismen eingestuft.</u>

Wartezeit: 56 Tage

(NW262) Das Mittel ist giftig für Algen.
(NW264) Das Mittel ist giftig für Fische und Fischnährtiere.

Exkurs: Zeitliche Dauer der Schädigung von Insekten:

*Die Schädigung der eingesetzten Mittel gegenüber der Insektenpopulation erfolgt nur für wenige Tage. **<u>Zur Ernte ist der Kornwagen je nach Jahr wieder übersät mit Marienkäfern.</u>** Das macht deutlich, dass die Population durch den chemischen Pflanzenschutz keinesfalls dauerhaft reduziert wird. Marienkäfer leben von Läusen, deren Bestand sich wenige Tage nach dem Insektizideinsatz wieder schnell aufbaut.*

Auch die Rapsblüte wird zahlreich von Insekten besucht. Trotz kurz zuvor ausgebrachter Insektizide. Glanzkäfer genauso wie Bienen oder Hummeln.

Behauptungen, Insektizide wie das Vorliegende würden sich in der Umwelt anreichern und einen Kollaps der Insektenpopulation verursachen, sind falsch. Die Massenvermehrung der Borkenkäfer in 2018 z.B., die großflächig Fichtenwälder hat absterben lassen, oder ein Blick in den blühenden Obstbaum mit seinen unzähligen Hummeln und Bienen zeigen das Gegenteil. Ebenso kann die auffallend zunehmende Anzahl von Bachstelzen (Insektenfresser) auf vielen Feldern als Indiz für viele Insekten gewertet werden.

Manche Insekten benötigen bestimmte Nahrungspflanzen oder Bruträume. Fehlen solche, fehlen auch diese Insekten. Mit Pflanzenschutzmitteln hat das nichts zu tun.

Taspa

Anwendung: 26. Mai, Winterweizen Ähren voll geschoben, EC 59, Fungizid

Aufwandmenge	Wirkstoff	Gehalt/l	Wirkstoff/ha	Summenformel
300 ml/ha	Propiconazol	250 g	75 g	$C_{15}H_{17}Cl_2N_3O_2$
	Difenoconazol	250 g	75 g	$C_{19}H_{17}Cl_2N_3O_3$

Propiconazol

Difenoconazol

NW262: Das Mittel ist giftig für Algen. NW264: Das Mittel ist giftig für Fische und Fischnährtiere.

NB6641: Das Mittel wird bis zu der höchsten durch die Zulassung festgelegten Aufwandmenge oder Anwendungskonzentration, falls eine Aufwandmenge nicht vorgesehen ist, als nicht bienengefährlich eingestuft (B4).

Die in TASPA enthaltenen Wirkstoffe Propiconazol und Difenoconazol gehören zu der Gruppe der Ergosterol-Biosynthese-Hemmer. Bei Mischungen mit Insektiziden aus der Wirkstoffklasse der Pyrethroide ändert sich die Einstufung der Bienengefährlichkeit (Auflage NB6622 der Mischpartner beachten). Danach darf eine solche Mischung an blühenden Pflanzen und an Pflanzen, die von Bienen beflogen werden, nur noch abends nach dem täglichen Bienenflug bis 23.00 Uhr angewendet werden. Bienenschutzverordnung vom 22. Juli 1992, BGBl. I S 1410, beachten.

NN161: Das Mittel wird als nicht schädigend für Populationen der Art Coccinella septempunctata (Siebenpunkt-Marienkäfer) eingestuft.

NN165: Das Mittel wird als nicht schädigend für Populationen der Art Poecilus cupreus (Laufkäfer) eingestuft.

NN3842: Das Mittel wird als schädigend für Populationen der Art Aphidius rhopalosiphi (Brackwespe) eingestuft.

NO685: Das Mittel wird als schwach schädigend für Regenwurmpopulationen eingestuft.

Dieser Stoff/diese Mischung enthält <u>keine Komponenten in Konzentrationen von 0,1 % oder höher, die entweder als persistent, bioakkumulierbar und toxisch (PBT) oder sehr persistent und sehr bioakkumulierbar (vPvB) eingestuft sind.</u>.

Zuckerrüben

Betanal Max Pro

Anwendung 3. Und 14. Mai, Zuckerrüben Keimblatt und Zweiblatt, Herbizid

Aufwand menge	Wirkstoff	Geh alt/ l	Wirk stoff / ha	Summenfor mel
1,25 l/ ha	Phenme dipham	60 g	75 g	$C_{16}H_{16}N_2O_4$
	Desmedi pham	47 g	59 g	$C_{16}H_{16}N_2O_4$
	Ethofum esat	75 g	94 g	$C_{13}H_{18}O_5S$
	Lenacil	27 g	34 g	$C_{13}H_{18}N_2O_2$

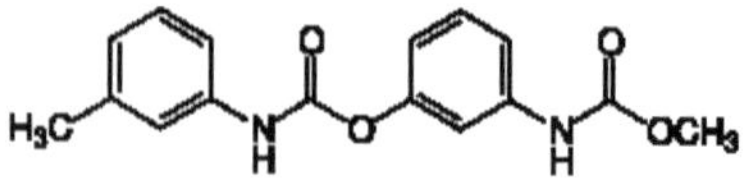

Phenmedipham

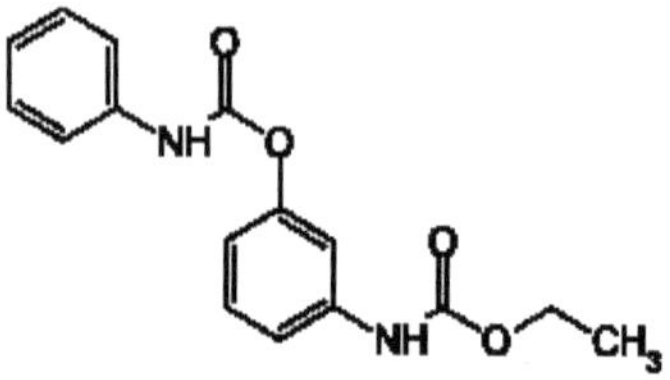

Desmedipham

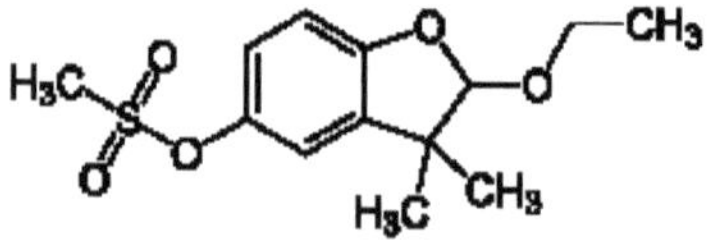

Ethofumesat

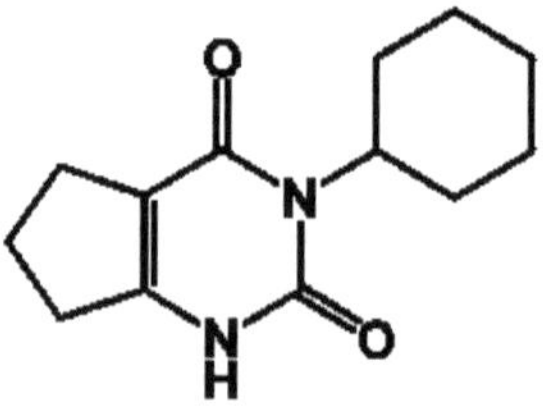

Lenacil

(NB6641) Das Mittel wird bis zu der höchsten durch die Zulassung festgelegten Aufwandmenge oder

Anwendungskonzentration, falls eine Aufwandmenge nicht vorgesehen ist, als nicht bienengefährlich eingestuft (B4).

(NN160) Das Mittel wird als nichtschädigend für Populationen der Art Aleochara bilineata (Kurzflügelkäfer) eingestuft.

(NN261) Das Mittel wird als schwachschädigend für Populationen der Art Coccinella septempunctata (Siebenpunkt-Marienkäfer) eingestuft.

(NN2842) Das Mittel wird als schwachschädigend für Populationen der Art Aphidius rhopalosiphi (Brackwespe) eingestuft.

(NW262) Das Mittel ist giftig für Algen. (NW264) Das Mittel ist giftig für Fische und Fischnährtiere. (NW265) Das Mittel ist giftig für höhere Wasserpflanzen.

Goltix Titan

Anwendung 3. Und 14. Mai, Zuckerrüben Keimblatt und Zweiblatt, Herbizid

Aufwandmenge	Wirkstoff	Gehalt / l	Wirkstoff / ha	Summenformel
1,4 l/ ha	Metamitron	525 g	735 g	$C_{10}H_{10}N_4O$
	Quinmerac	40 g	56 g	$C_{11}H_8ClNO_2$

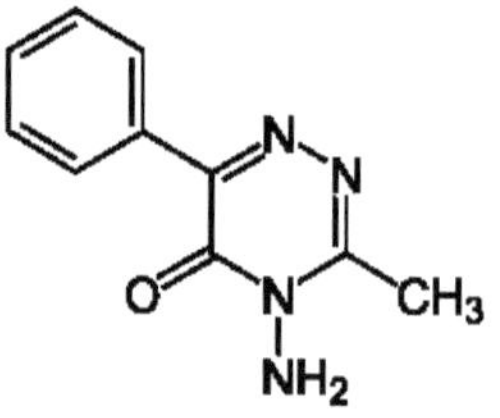

Metamitron

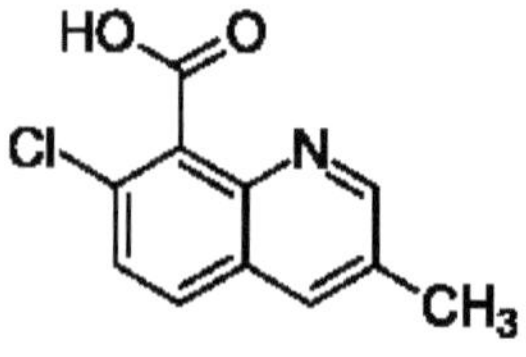

Quinmerac

(NB6641) Das Mittel wird bis zu der höchsten durch die Zulassung festgelegten Aufwandmenge oder Anwendungskonzentration, falls eine Aufwandmenge nicht vorgesehen ist, als <u>nicht bienengefährlich eingestuft (B4)</u>.

(NN1001) Das Mittel wird als <u>nicht schädigend für Populationen relevanter Nutzinsekten eingestuft</u>.
(NN1002) Das Mittel wird als <u>nicht schädigend für Populationen relevanter Raubmilben und Spinnen eingestuft</u>.

(NW262) Das Mittel ist giftig für Algen.
(NW263) Das Mittel ist giftig für Fischnährtiere.
(NW265) Das Mittel ist giftig für höhere Wasserpflanzen.

<u>Für alle drei genannten Herbizide in Zuckerrüben gilt:</u>

<u>Diese Mischung enthält keine Substanzen,</u>

<u>die persistent, bioakkumulierbar und toxisch sind (PBT). /</u>

<u>die hochpersistent und hochbioakkumulierbar sind (vPvB)</u>

Debut

Anwendung 14. Mai, Zuckerrüben Zweiblatt, Herbizid

Aufwandmenge	Wirkstoff	Gehalt/l	Wirkstoff/ha	Summenformel
25 g/ha	Triflusulfuron-methyl	500 g	12,5 g	$C_{17}H_{19}F_3N_6O_6S$
	Isodecylalkoholethoxylat	900 g	22,5 g	Formulierungshilfsstoff

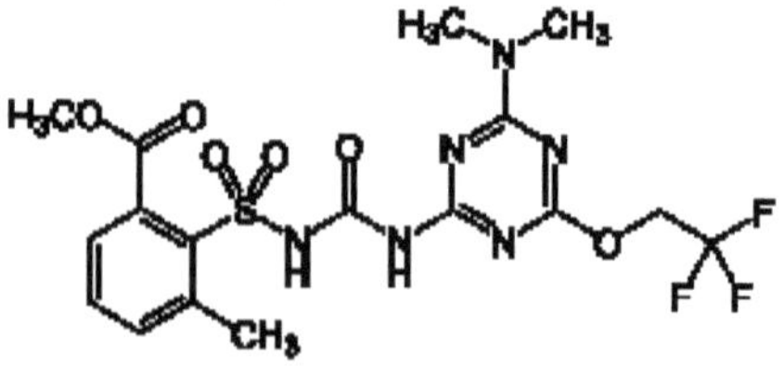

Triflusulfuron - methyl

Bienen/Nützlinge

Das Mittel wird bis zu der höchsten durch die Zulassung festgelegten Aufwandmenge oder Anwendungskonzentration, falls eine Aufwandmenge nicht vorgesehen ist, als nichtbienengefährlich eingestuft (B4).

Das Mittel wird als schwach schädigend für Populationen relevanter Nutzinsekten eingestuft.

Das Mittel wird als nicht schädigend für Populationen relevanter Raubmilben und Spinnen eingestuft.

Das Mittel ist giftig für Algen. Das Mittel ist giftig für Fische und Fischnährtiere. Das Mittel ist giftig für höhere Wasserpflanzen

Woraus bestehen diese Pflanzenschutzmittel?

Die hier vorgestellten Pflanzenschutzmittel bestehen hauptsächlich aus den Elementen Kohlenstoff, Wasserstoff und Sauerstoff. Hinzu kommen Stickstoff, der uns ohnehin in der Atemluft umgibt, Flour (als Verbindung Fluorid wichtig für Kleinkinderernährung, Zusatz im Salz, Zahnprophylaxe), Chlor (Bestandteil im Kochsalz, Schwimmbadwasser) und Schwefel (haben die Meisten kiloweise als Rigipsplatten im Haus). Es sind keine Elemente dabei, die Furcht einflößen müssten, wie z.B. Cadmium, Quecksilber oder Arsen. <u>Deshalb werden diese Pflanzenschutzmittel nach dem vollständigen Abbau im Boden problemlos in die natürlichen Stoffkreisläufe integriert- langfristig bleibt nichts zurück.</u>

Einstufung und Kennzeichnung von Chemikalien

Akute Toxizität

Ätzwirkung

Gesundheitsgefahr

Gewässergefährdend

Keines der hier dargestellten Pflanzenschutzmittel weist akute Giftigkeit auf (Toxität, Totenkopfsymbol).

Alle sind gewässergefährdend, was bei der Anwendung zu berücksichtigen ist und in Abstandsauflagen geregelt ist. Sie dürfen nicht direkt in Gewässer gelangen. Im Boden jedoch werden sie schnell abgebaut, siehe auch Kapitel Pflanzenschutzmittel und Grundwasser. Ätzwirkung und Gesundheitsgefahr betreffen den Anwender beim Umgang mit dem unverdünnten Produkt, weshalb beim Anmischen z.B. Handschuhe und Schutzbrille zu tragen sind. <u>Keines der hier verwendeten Mittel reichert sich in der Umwelt an:</u>

Ein **PBT-Stoff** ist ein <u>chemischer Stoff</u>, der <u>persistent</u>, <u>bioakkumulativ</u> und <u>toxisch</u> ist.

Ein **vPvB-Stoff** ist ein <u>chemischer Stoff</u>, der sehr <u>persistent</u> und sehr <u>bioakkumulativ</u> ist.

Kurzer, vereinfachter Abriss zur Historie der Bevölkerungsmeinung über chemischen Pflanzenschutz

1960 er Jahre: Erleichterung, dass zeitaufwendiges Hacken und Sammeln von Kartoffelkäfern entfällt.

1970 er Jahre: Freude an preiswerten, gesunden und hochwertigen Nahrungsmitteln.

1980 er Jahre: Greenpeace: „Die Bauern schütten tonnenweise Gift auf die Felder. Über das Grundwasser kommt das alles in unsere Suppe."

1990 er Jahre: Aus Pflanzenschutzmitteln werden ´Pestizide´. Angst vor Rückständen in Nahrungsmitteln.

2000 er Jahre: ´Pestizide´ vergiften angeblich Hasen, Rebhühner und andere Feldtiere vermutet.

2010 er Jahre: Artenschwund durch indirekte Wirkungen wie Nahrungsentzug behauptet.

2017 ff: Großes Insektensterben durch Pestizide befürchtet, Kollaps allen Lebens

Mengenbetrachtung und Verhältnismäßigkeit

In Deutschland werden jährlich etwa 110.000 t Pflanzenschutzmittel eingesetzt, davon sind etwa die Hälfte Herbizide. Verbraucht werden damit ca. 35.000 t Wirkstoffe.[1] Ins Verhältnis dazu sind 1,3 Millionen Tonnen Wasch- und Putzmittel (das ist fast die zwölffache Menge) allein im privaten Bereich zu setzen, die in Deutschland im Jahr verbraucht werden.[2] Dies sind im Einzelnen:

630.000 t Waschmittel

220.000 t Weichspüler

---

[1] Bundesamt für Verbraucherschutz und Lebensmittelsicherheit; *Absatz von Pflanzenschutzmitteln in der Bundesrepublik Deutschland*

[2] Umweltbundesamt

480.000 t Reinigungs- und Pflegemittel, davon

260.000 t Geschirrspülmittel

Hinzu kommen nicht erfasste Mengen gewerblicher und industrieller Reinigungsmittel.

Im Gegensatz zu den Pflanzenschutzmitteln gelangen diese Stoffe in voller Konzentration direkt in die Kanalisation. Die Filterwirkung des Bodens, auf den Pflanzenschutzmittel in einer Konzentration von je Anwendung um die 0,02 g/ m² flächig auf der Oberfläche aufgebracht werden, fehlt bei Wasch- und Putzmitteln völlig. Diese Mittel sind zudem ohne Altersbeschränkung jedermann im Supermarkt frei zugänglich, während Pflanzenschutzmittel nur nach Vorlage eines Sachkundenachweises abgegeben und angewendet werden dürfen. Es stellt sich somit in jedem Fall in Bezug auf den Wasserschutz schon die Frage, ob die Diskussion um Pflanzenschutzmittel nicht die falsche Baustelle bedient.

Pflanzenschutzmittel und Grundwasser

Der zulässige Grenzwert von 0,0001 mg/l (= 1 µ) wird nur in den lilafarbenen Balken (jeweils ganz rechts, 0,6 % der Proben) überschritten. Es ist ein Vorsorgewert, kein toxikologischer Grenzwert, bei dessen Überschreitung sofort die Gesundheit gefährdet wäre. Wichtig ist dabei zu beachten, dass es sich um oberflächennahe Grundwassermessstellen handelt, nicht um schon aufbereitetes Trinkwasser! (µ = Mikrogramm)

Von den im vorstehenden Praxisbeispiel dargestellten Wirkstoffen wurde nur

<u>Lenacil im Grundwasser nachgewiesen, in 13 von 2310 Proben.</u> Es wird heute mit nur noch 2 x 34 g/ ha angewendet. Bis vor etwa 10 Jahren jedoch als Venzar mit 500 g – 1500 g/ ha.

Die Grüne Säule (14,5 %) zeigt Wasserproben mit Rückständen unterhalb des Grenzwertes, mit weniger als 0,1 µ. Das entspricht ca. einem Zuckerwürfel im Steinhuder Meer! Die blaue Säule (80,9%) zeigt Wasserproben ohne Rückstände.

„Noch immer ist die Hauptbelastung auf Wirkstoffe zurückzuführen, die teilweise seit mehr als 20 Jahren nicht mehr zugelassen sind.[...] <u>Der weitaus überwiegende Teil der Funde ist daher als Altlast [z.B. Atrazin] zu bezeichnen.]“</u> Die in wesentlicher Häufigkeit gefundenen heute zugelassenen Wirkstoffe stammen von den Produkten

Basagran (Bentazon), Butisan (Metazachlor), CMPP (Mecoprop) und Rebell (Chloridazon). Hinzu kommt Diuron, dass als Totalherbizid auf Bahngleisen eingesetzt wird. [3]

Der Nachweis solch extrem geringer Konzentrationen (wie ein Zuckerwürfel im Steinhuder Meer) ist nur mit Analysemethoden aus genau dem chemischen Forschungsbereich möglich, dessen Erkenntnisse Ökoideologen sonst strikt ablehnen, weil sie diese nicht verstehen. Das ist ein beachtliches Maß an Inkonsequenz.

Es lässt sich festhalten, dass die im vorgenannten Praxisbeispiel sachgerecht in Weizen und Zuckerrüben angewendeten Pflanzenschutzmittel (mit der Ausnahme Lenacil- Einzelfälle) nicht das Grundwasser belasten.

---

[3] Länderarbeitsgemeinschaft Wasser, Bericht zur Grundwasserbeschaffenheit, Pflanzenschutzmittel 2009-2012

Häufigkeitsverteilung der Pflanzenschutzmittelfunde in oberflächennahen Grundwassermessstellen*

relative Häufigkeit in Prozent (Messstellenzahl)

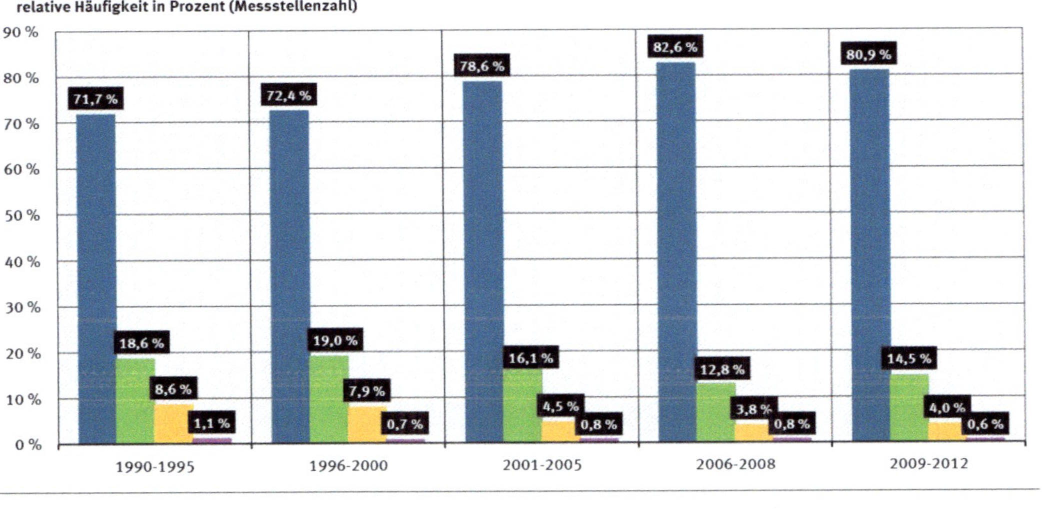

* höchster Einzelsubstanz-Messwert der letzten Grundwasserprobe im Betrachtungsraum

Quelle: Länderarbeitsgemeinschaft Wasser (LAWA) 2015, Bericht zur Grundwasserbeschaffenheit - Pflanzenschutzmittel (Berichtszeitraum 2009 bis 2012)

Artenschutz

Für Feldtiere wie das Rebhuhn wird z.B. seitens des NABU eine nachteilige Wirkung von Pflanzenschutzmittel behauptet.[4] Im Göttinger Rebhuhn-Schutzprojekt unter jahrelanger wissenschaftlicher Begleitung hingegen zeigt sich ganz unzweifelhaft, dass sich Rebhühner auf konventionell bewirtschafteten Feldern mit Einsatz von Pflanzenschutzmitteln hervorragend entwickeln, sofern entsprechende Lebensraumgestaltungen wie Anlegen von Blühstreifen, Brachen u.a. vorgenommen werden. <u>Die Sterblichkeit der Tiere und der Aufzuchterfolg der Gelege hängt allein vom Einfluss der Raubtiere wie Fuchs, Marder, Habicht und Sperber sowie Bussarde u.a. ab,</u> wie

---

[4] https://www.nabu.de/natur-und-landschaft/landnutzung/landwirtschaft/pestizide/16722.html

dem dort veröffentlichten Leitfaden zu entnehmen ist.[5]

Gleiches gilt auch für Feldhasen. Die Überlebensdauer eines Junghasen, dessen Kinderstube Brache oder Weizenfeld gemäht wird, beträgt nur wenige Minuten, bevor er von Krähen, Raben oder Greifvögeln gefasst wird.

Auch beim Flughafen München wird deutlich: Weil der Bereich gegen Füchse eingezäunt ist gibt und weil alle Greifvögel wegen der Flugsicherheit ständig aktiv vertrieben werden gibt es dort einen sehr hohen Brutvogelbestand. Weit mehr, als im angrenzenden Schutzgebiet. [6]

Der Besatz mit Füchsen und Greifvögeln sowie Krähen und Raben, aber auch Marderhunden und Waschbären hat in den zurückliegenden Jahrzehnten stark

---

[5] www.rebhuhnschutzprojekt.de/Leitfaden
[6] www.munich-airport.de/vogelschutzgebiet

zugenommen. Grund ist zum einen bei den Vögeln das Jagdverbot und bei den Füchsen die nicht mehr vorkommende Tollwut, was eine deutlich geringere Bejagung zur Folge hat. Ein Beispiel: In einem etwa 1000 ha großen Feldrevier in Sachsen Anhalt (Rhoden am Fallstein) wurden vom zuständigen Jäger vor dem 2. Weltkrieg insgesamt zwei Füchse erlegt. Nach der Grenzöffnung in den 1990er Jahren wurden im gleichen Revier <u>je Jahr</u> mehr als 30 Füchse geschossen.

Ein weiterer wesentlicher Grund ist das Vorkommen von deutlich mehr Mäusen, der Grundnahrung der genannten Tiere. Die Ausdehnung der Winterkulturen bedingt eine längere Bodenruhe (September bis August) gegenüber den früher vermehrt vorkommenden Frühjahrskulturen. Die lange Bodenruhe steigert die Vermehrungsrate der Feldmäuse exponentiell und schafft optimale Bedingungen für deren Fressfeinde.

Die Tatsache, dass es <u>heute viel mehr Greifvögel, Füchse, Mäuse, Rehe und Wildschweine gibt, als noch Mitte des vorigen Jahrhunderts,</u> wird seitens NABU oder BUND nicht erwähnt. Das ist insofern erstaunlich, da gerade Greifvögel als Spitze der Nahrungskette immer als Beispiel für die schädliche Ansammlung des seit Jahrzehnten nicht mehr zugelassenen DDT angeführt werden (Weisskopfseeadler). Die auffallend hohe Zahl der Greifvögel über deutschen Feldern müsste doch im Umkehrschluss als Anzeichen dafür gewertet werden, dass die heute verwendeten Pflanzenschutzmittel sich ganz offensichtlich eben nicht in der Spitze der Nahrungskette anreichern, es folglich keine direkte schädliche Wirkung auf freilebende Tiere gibt. Davon ist aber in den einschlägigen

Publikationen der selbsternannten Umweltschützer kein Wort zu lesen.

Mäuse, Rehe und Wildschweine ernähren sich zu großen Teilen von den Feldfrüchten und ziehen dort, Wildschweine vorwiegend in Raps und Mais, auch ihre Jungtiere groß. Beispiel: In Niedersachsen wurden in den 1960 Jahren je Jahr etwa 3.700 Wildschweine erlegt. Im Jagdjahr 2017/18 waren es fast 69.000 Tiere. <u>Fortpflanzung und Lebensdauer von Maus, Reh, Wildschwein, Fuchs, Mäusebussard und Rotmilan werden durch Spritzmittel offensichtlich nicht verringert.</u>

Da Mäuse die Hauptlast in Tierversuchen tragen, könnte ihre großflächig auf den Feldern ungebremste Vermehrung als Indiz für die Unbedenklichkeit dieses Lebensraums hinsichtlich der Pflanzenschutzmittel auf freilebende Tiere gewertet werden.

Bezugsgröße für den Artenschutz

Wird für den Artenschutz als Bezugsgröße die Fläche gewählt, so ergibt sich tendenziell ein geringer Vorteil für Wildkräuter im ökoideologischen Ackerbau ohne Pflanzenschutzmittel und mineralische Düngung. Herbizide werden durch wiederholtes Striegeln ersetzt. Es versteht sich von selbst, dass auf einem Abstand von 3 cm mit Stahlzinken bestückte 15 m breite Striegel, die mit hoher Geschwindigkeit während der Brut- und Setzzeit mehrfach über die <u>ökoideologisch bewirtschafteten Felder fahren, Jungtieren und Bodenbrütern keine Überlebenschance lassen</u>. Die vermeintliche Artenvielfalt der Begleitflora bei Herbizidverzicht beschränkt sich zudem allzu oft darauf, dass das Getreide in weißem Gänsefuß (Melde) untergeht. Für Insekten ist diese Pflanze weitgehend uninteressant.

Ackerkratzdisteln werden vor der Blüte von Hand abgeschnitten, so dass hier ebenfalls kein Vorteil für Insekten eintritt.

<u>Wird die Artenvielfalt nicht auf die Fläche, sondern die Erntemenge bezogen, ist sie im konventionellen Ackerbau wesentlich höher, als im ökoideologischen.</u>[7] Da sich der Flächenertrag im ökoideologischen Ackerbau etwa halbiert, benötigt man für die gleiche Erntemenge die doppelte Fläche. Das bedeutet, dass es der konventionelle Ackerbau durch seine Ertragskraft nicht zuletzt wegen des Einsatzes von Pflanzenschutzmitteln ermöglicht, Flächen bereitzustellen, die nicht für die Nahrungserzeugung benötigt werden. Dies sind Heiden und Moore, aber auch die heute 5 % ökologischen Vorrangflächen, die jeder

---

[7] Steffen Nopela, HFFA Research 2016; Pflanzenschutz in Deutschland und Biodiversität]

Landwirt z.B. in Form von Blühbrachen oder Ackerrandstreifen u.ä, bereitzustellen verpflichtet ist. Ökoideologische wirtschaftende Betriebe brauchen dieser Verpflichtung nicht nachzukommen.

Rückstände in Lebensmitteln?

„Die Abschätzung der chronischen und akuten Verbraucherexposition gegenüber Einzelrückständen aus Pflanzenschutzmitteln für die Jahre 2009 bis 2014 ergab, dass für 695 von 701 der im Monitoring untersuchten Wirkstoffe ein <u>gesundheitliches Risiko für die deutsche Bevölkerung praktisch ausgeschlossen werden kann,</u> wenn man das 99,9te Perzentil der Expositionsverteilung als Bewertungskriterium zugrunde legt. Eine etwaige Beeinträchtigung der Gesundheit wurde für die Wirkstoffe Chlorpyrifos[8] und Dimethoat/Omethoat[9] als möglich erachtet. Tricyclazol[10] konnte aufgrund fehlender Daten zur Toxizität nicht hinsichtlich seines gesundheitlichen Risikos bewertet werden."

[Quelle: Auswertung der Rückstandsdaten von Pflanzenschutzmittelwirkstoffen in Lebensmitteln und Bewertung gesundheitlicher Risiken für Verbraucher auf Basis des Monitorings 2009-2014

Gemeinsamer Bericht des Bundesministeriums für Ernährung und Landwirtschaft (BMEL), des Bundesamtes für Verbraucherschutz und Lebensmittelsicherheit (BVL) und des Bundesinstituts für Risikobewertung (BfR)]

Kurzgefasst: Die Nahrungsmittel von deutschen Äckern sind gesund.

---

[8] z.B. Dursban DOW Chemical; Wirkstoff in Deutschland seit 2009 verboten

[9] z.B. Perfekthion BASF; in Deutschland nicht mehr zugelassen und Bi 58, Verwendung im Zierpflanzenbau und bei Hobbygärtnern

[10] Verwendung im Reisanbau

Photosyntheseleistung, Umwandlung von Kohlendioxid in Sauerstoff

Die Photosyntheseleistung der Pflanzen und damit die Umwandlung von Kohlendioxid in Sauerstoff lassen sich näherungsweise anhand der Trockenmassebildung vergleichen:

Buchenwald,guter Bestand	4,2 t
Ökoideologisches Weizenfeld	3,9 t
Konventionelles Weizenfeld	7,8 t
Zuckerrüben	22,5 t

<u>Bei hohen Ernteerträgen wird auch viel Kohlenstoff gebunden. Durch Verzicht auf ertragssichernden Pflanzenschutz sinkt die Kohlenstofffixierung erheblich. Ein Feld</u>

mit Zuckerrüben gibt fünfmal so viel Sauerstoff ab, wie ein Buchenwald.[11]

Neues EU-Zulassungsverfahren nach Cut- Off Kriterien

Die EU Kommission hat cut- off Kriterien für die Zulassung von Pflanzenschutzmitteln eingeführt. Alle Wirkstoffe, die z.B. giftig sind, sich in der Umwelt anreichern oder von denen eine mögliche Gefahr für den Hormonhaushalt ausgeht, werden nicht mehr zugelassen. Die ersten beiden Kriterien sind weitgehend unproblematisch, weil aktuell bedeutende Pflanzenschutzmittel wie dargelegt nicht davon betroffen sind.

---

[11] Vgl. auch: Assessing the efficiency of changes in land use for mitigating climate change
Timothy D. Searchinger, Stefan Wirsenius, Tim Beringer
Nature 564, pages249–253(2018)

Einfluss auf den Hormonhaushalt des Menschen (endokrin aktive Substanzen) haben aber sehr viele natürliche oder hergestellte Substanzen. Sie sind in Soja, Klee, Nüssen oder Leinsamen genauso enthalten, wie in Lakritz, Innenbeschichtungen von Dosen oder Tetrapacks, Plastikspielzeug, Verpackungsmaterial, Antibabypillen, bedruckten Textilien, Outddorjacken, Geldscheinen, Schampoos, Wasch- und Spülmitteln und unzähligen weiteren Produkten, die uns umgeben. Auch Alkohol und Nikotin verändern den Hormonhaushalt.

Problematisch für den Pflanzenschutz ist nun, dass nach dem cut- off Verfahren keine Stoffe mehr zugelassen werden, die im Verdacht stehen, den Hormonhaushalt zu verändern. Keine Rolle spielt dabei künftig, anders als bei den bisherigen Zulassungsverfahren, in welcher Konzentration und Dauer der

Stoff einwirkt. Es wird vereinfacht gesagt davon ausgegangen, dass der Landwirt das Pflanzenschutzmittel nicht in Größenordnungen von 0,02 g/ m² auf dem Feld verteilt, wo es bald abgebaut wird, sondern den 10 l Kanister gleich direkt austrinkt oder seinen Kindern wiederholt täglich zum Frühstück verabreicht.

Alkohol, Nikotin, Sojaprodukte, Waschmittel, Antibabypille usw. wären als Pflanzenschutzmittel nicht zulassungsfähig. Im Supermarkt oder der Apotheke jedoch dürfen sie stehen bleiben. Benzin oder Diesel sind bei direktem Verschlucken nicht unbedenklich. Im Prinzip müssten wir konsequent auf Heizöltanks im Keller, den Kraftstofftank im Auto usw. verzichten. Brauchen wir aber nicht. Die verquere Logik des neuen Zulassungsverfahrens gilt ja nur für Pflanzenschutzmittel. Noch!

Zwei Verwandte: Pflanzenschutzmittel und Medikamente

Die moderne Analytik ermöglicht es, noch geringste Spuren von Pflanzenschutzmitteln aufzufinden. Nicht immer jedoch wird nachgewiesen, was man nachzuweisen glaubt. Puplikumsliebling Glyphosat wird nicht direkt in Lebensmitteln gefunden, sondern sein Abbauprodukt Aminomethylphosphonsäure (AMPA):

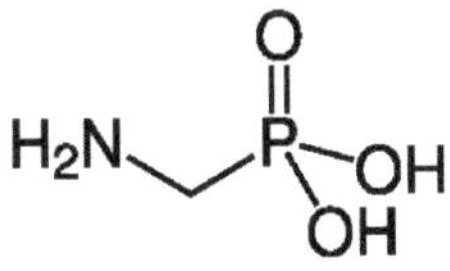

$$H_2N-CH_2-P(=O)(OH)_2$$

Dieser Metabolit ist aber auch ein Abbauprodukt anderer Phosphonate. Diese werden oft als Reinigungsmittel und Waschmittel, sowie zur Vorbeugung gegen Kesselsteinbildung verwendet. Nun müssen auch Brauereien und

Molkereien ihre Anlagen ständig reinigen, ebenso der Landwirt nach jedem Melken. Es nicht verwunderlich, dass Abbauprodukte der Phosphonate sich deshalb in Bier und auch Milch finden.

Dass Phosphonate in viel höheren Konzentrationen als den in Bier und Milch gefundenen Mengen <u>auch als Medikamente gegen Osteoporose</u> verwendet werden, würde es strammen Ideologen auch ermöglichen, Glyphosat direkt im Menschen nachzuweisen. Das hat man bisher vermieden, weil dieser Sch(l)uss ganz sicher nach hinten losginge. Auf die Verwendung der ach so gefürchteten Phosphonate als heilende Medikamente möchte man doch lieber nicht hinweisen.

Tebuconazol geht es ähnlich. Gefunden durch die Zeitschrift Ökotest im Gemüseregal des Supermarktes ist es eine wunderbare Meldung als Wasser auf die Mühlen der Ökoideologen. Es steht im Verdacht, krebserregend zu sein. Das gilt jedoch auch für etwa zwei Drittel aller natürlichen Stoffe in pflanzlichen Nahrungsmitteln wie Nüssen, Spinat, Sellerie, Fenchel und vielen, vielen weiteren.[12]

Tebuconazol gehört zu den Triazolen. Als <u>Medikamente gegen Fuß- oder Darmpilze sind Triazole</u> in viel höherer Konzentration gern gesehen[13]. Als Pflanzenschutzmittel werden Triazole wie Tebuconazol wegen der Cut off Kriterien verboten. Jahrzehntelang gab es keine Probleme. Als Medikament werden Triazole weiter verwendet.

---

[12]

https://gesundheitstabelle.de/index.php/schadstoffe-gifte/gifte-lebensmittel
[13]

https://www.youtube.com/watch?v=hHzWhpcloU4

Mediale und politische Darstellung versus Wirklichkeit

Beispiel 1: Honigbiene

Statistische Fakten der FAO[14]: Seit 1961 gab es weltweit nie so viele Bienen wie heute (Abbildung auf Seite 62). Die Daten sind eindeutig und lassen keine Zweifel zu.

Die Bundesregierung schreibt 2018 dazu:

„Durch Monokulturen, Pestizide und Parasiten in der Landwirtschaft wurden Bienenvölker in den vergangenen Jahren stark belastet. Weltweit führte das zu einem Rückgang von Honigbienen, Hummeln und Wildbienen. Wird zum Beispiel ein Saatgut verwendet, das bestimmte Neonikotinoide enthält,

---

[14] http://www.fao.org/faostat/en/#data/QC

können sich die Bienen weniger zahlreich vermehren.[15]"

Würde ein Schüler die vorliegende Statistik der FAO so auswerten, bekäme er dafür eine glatte Sechs. Tut es die Bundesregierung, so findet sie in den Medien ein begeistertes Echo und breite Aufmerksamkeit in der Bevölkerung.

Neonikotinoide sind inzwischen verboten. Nun wäre es Aufgabe der Bundesregierung, die Wirkung des Verbots zu überprüfen und das Ergebnis zu veröffentlichen. Daran scheint bisher kein Interesse zu bestehen. Das könnte daran liegen, dass überhaupt keine Veränderung gegenüber vorher feststellbar ist.

---

[15] https://www.bundesregierung.de/breg-de/aktuelles/bienen-brauchen-unseren-schutz-845920

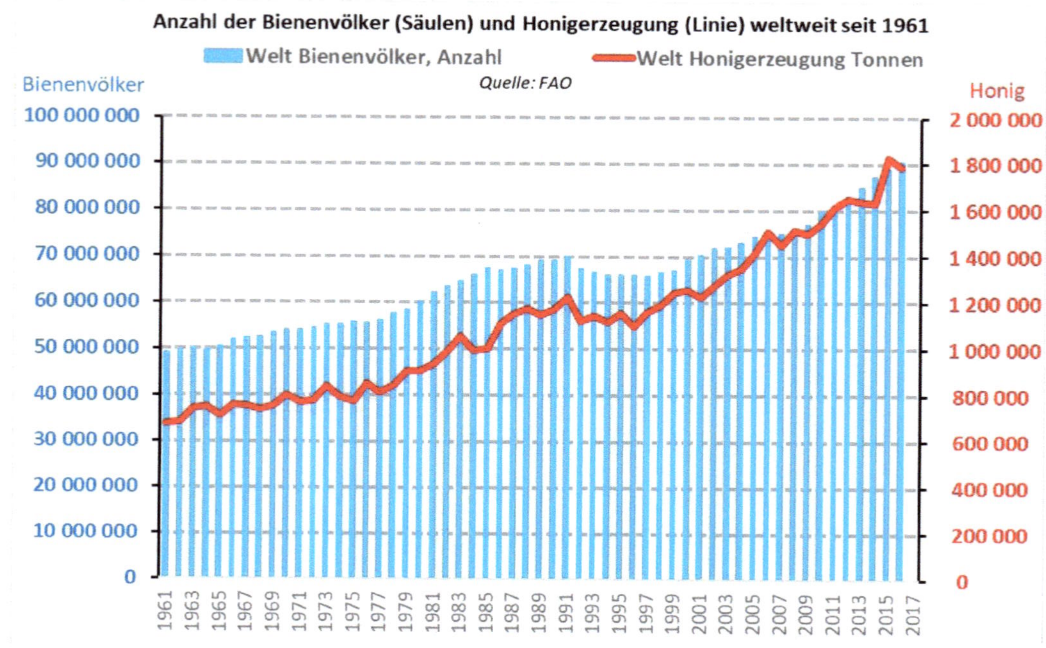

Anzahl der Bienenvölker (Säulen) und Honigerzeugung (Linie) weltweit seit 1961
Welt Bienenvölker, Anzahl
Welt Honigerzeugung Tonnen
Quelle: FAO
Bienenvölker
Honig

Beispiel 2: Wildbiene

Anfrage der Grünen im Bundestag 2016:

„Wie viele heimische Wildbienen- und Schmetterlingsarten sind seit den 1980er Jahren ausgestorben?"

Antwort des Umweltministeriums:

„Es gibt rund 560 Wildbienen-Arten in Deutschland, die in den Roten Listen (2012) bewertet wurden, davon sind 39 Arten ausgestorben oder verschollen. Aus den Artengruppen der Tagfalter, der Nachtfaltergruppen Spanner, Eulenspinner, Sichelflügler und Spinnerartige Falter, die einen großen Anteil der Bestäuber-Arten stellen, sind 19 Arten seit 1980 ausgestorben oder verschollen.[16]"

---

[16] Deutscher Bundestag Drucksache 18/7705; 25.02.2016

Seither lesen wir in vielen Medien, seit 1980 seien in Deutschland 39 Wildbienenarten ausgestorben. Das gilt inzwischen als gesichertes Grundwissen unter Berufung auf die Bundesregierung.

Die Fakten sind andere: Die rote Liste - seit 1980 ist nur eine Art ausgestorben: [17]

Die einzige nach 1974 in Deutschland nicht mehr gefundene Wildbiene ist laut Roter Liste Dasypoda suripes. [Hosenbienen hätten auch den Namen *Sandbienen* verdient: Sie graben ihre Nester in ebene bis leicht geneigte und meist sandige Flächen, die wenig bis keine Vegetation aufweisen. Alle europäischen *Dasypoda*-Arten sind Nahrungsspezialisten, also *oligolektisch*: Die im Verhältnis zu den anderen Arten häufige *D. hirtipes* sammelt auf Korbblütlern *(Asteraceae)*,

---

[17]

www.bfn.de/fileadmin/BfN/roteliste/Dokumente/Rote Liste D.zip

Rote-Liste-Kategorie für Deutschland gemäß Ludwig et al. (2009)	Wissenschftlicher Name des Taxons	Einstufung der aktuellen Bestandssituation (ex= Ausgestorben oder verschollen)	Jahr oder Jahresspanne des letzten Nachweises eines Taxons	Deutscher Name der Artengruppe der Roten Liste
0	Nomada mauritanica Lepeletier, 1841	ex	1818	Bienen
0	Megachile maackii Radoszkowski, 1874	ex	1869	Bienen
0	Nomada pulchra Arnold, 1888	ex	1892	Bienen
0	Megachile bombycina Radoszkowski, 1874	ex	1898	Bienen
0	Anthidium melanurum Klug, 1832	ex	1899	Bienen
0	Colletes floralis Eversmann, 1852	ex	1909	Bienen
0	Panurginus labiatus (Eversmann, 1852)	ex	1912	Bienen
0	Bombus alpinus (Linnaeus, 1758)	ex	1924	Bienen
0	Halictus sajoi Blüthgen, 1923	ex	1924	Bienen
0	Eucera alticincta (Lepeletier, 1841)	ex	1926	Bienen
0	Hylaeus pilosulus (Pérez, 1903)	ex	1929	Bienen
0	Lasioglossum corvinum (Morawitz, 1876)	ex	1930	Bienen
0	Lasioglossum breviventre (Schenck, 1853)	ex	1931	Bienen
0	Colletes caspicus Morawitz, 1874	ex	1936	Bienen
0	Pseudapis femoralis (Pallas, 1773)	ex	1936	Bienen
0	Nomada nobilis Herrich-Schäffer, 1839	ex	1941	Bienen
0	Osmia foveolata (Morawitz, 1868)	ex	1942	Bienen
0	Andrena nanaeformis Noskiewicz, 1925	ex	1948	Bienen
0	Stelis franconica Blüthgen, 1930	ex	1949	Bienen
0	Andrena barbareae Panzer, 1805	ex	1952	Bienen
0	Nomada bluethgeni Stöckhert, 1943	ex	1953	Bienen
0	Osmia lepeletieri Pérez, 1879	ex	1953	Bienen
0	Thyreus histrionicus (Illiger, 1806)	ex	1953	Bienen
0	Eucera cineraria Eversmann, 1852	ex	1954	Bienen
0	Nomada trapeziformis Schmiedeknecht, 1882	ex	1954	Bienen
0	Nomada italica Dalla Torre & Friese, 1894	ex	1955	Bienen
0	Bombus mesomelas Gerstäcker, 1869	ex	1956	Bienen
0	Xylocopa iris (Christ, 1791)	ex	1957	Bienen
0	Anthophora borealis Morawitz, 1864	ex	1958	Bienen
0	Melitta wankowiczi (Radoszkowski, 1891)	ex	1958	Bienen
0	Ammobatoides abdominalis (Eversmann, 1852)	ex	1959	Bienen
0	Melitturga clavicornis (Latreille, 1806)	ex	1959	Bienen
0	Bombus cullumanus (Kirby, 1802)	ex	1960	Bienen
0	Andrena morio Brullé, 1832	ex	1961	Bienen
0	Anthophora fulvitarsis Brullé, 1832	ex	1964	Bienen
0	Stelis nasuta (Latreille, 1809)	ex	1965	Bienen
0	Anthophora crassipes Lepeletier, 1841	ex	1973	Bienen
0	Andrena lepida Schenck, 1861	ex	1974	Bienen
0	Dasypoda suripes (Christ, 1791)	ex	2001	Bienen
Quelle	https://www.bfn.de/fileadmin/BfN/roteliste/Dokumente/Rote_Liste_D.zip			

die drei anderen Arten auf Kardengewächsen *(Dipsacaceae)*.[19] Die Mehrzahl der Kardengewächse findet man in trockenen oder zumindest periodisch trockenen, offenen Gebieten wie Steppen oder Trockenrasen.[20]]

Im Ergebnis wird so aus einer einzigen ausgestorbenen von 560 Wildbienenarten ein allgemein im öffentlichen Bewusstsein bekanntes Untergangsszenario, dass als Nachweis für umweltzerstörerischen Einfluss des chemischen Pflanzenschutzes herangezogen wird. Dieses Fehlwissen hat sich rasend schnell verbreitet und wird nicht hinterfragt. Es wird im Fernsehen gesendet und in Illustrierten geschrieben: - 39 Arten Wildbienen sind

---

18

www.bfn.de/fileadmin/BfN/roteliste/Dokumente/Rote_Liste_D.zip
[19] http://www.wildbienen.de/eb-dasyp.htm#02
20

https://de.wikipedia.org/wiki/Kardengew%C3%A4chse

in Deutschland seit 1980 ausgestorben - Es erscheint in Schulen genauso wie in Parlamenten. Es ist die Grundlage der öffentlichen Meinung und politischer Entscheidungen.

Bei der in Deutschland ausgestorbenen Art Dasypoda suripes handelt es sich dabei um eine immer schon sehr seltene Wildbiene, deren Lebensraum völlig außerhalb landwirtschaftlicher Nutzflächen liegt. Dass aber seit 1980 vier neue Wildbienenarten in Deutschland eingewandert sind, wird nicht erwähnt. Im Gegenteil wurden diese sofort in die Rote Liste aufgenommen, obwohl erst zugewandert, und erhöhen damit die Zahl der bedrohten Arten.

Weiter kann man sich von den Fakten nicht entfernen. Die politischen Folgen sind enorm. Ganze Wirkstoffgruppen fallen aus der Zulassung der Pflanzenschutzmittel heraus.

Ökoideologischer Ackerbau wird finanziell stark gefördert, obwohl er im Ergebnis wie dargelegt den Artenreichtum verringert.

Exkurs: Folgen politischer Fehlentscheidungen

Durch den ökoideologisch motivierten Ausfall kompletter Wirkstoffgruppen wird langfristig der Anbau ganzer Kulturen in Frage gestellt: Raps und Zuckerrüben. Die verringerten Produktionsmengen werden vornehmlich aus Brasilien (künftig evtl. Zucker), Argentinien (Sojaöl), den USA (Mais), Malaysia und Indonesien (Palmöl) importiert. <u>Es dürfte unmittelbar klar sein, dass dies sicher keine gute Entwicklung für die Natur ist.</u>

Beispiel 3: Feldlerche

Spendenaufruf des NABU 2/ 2019: Darstellung ohne Skalierung, der Horizont als suggerierte Nulllinie; scheinbares Aussterben dargestellt durch die bereits ab 2012 endenden Daten und den Text: „Feldlerche im Sinkflug. [...] Doch jetzt ist sie immer seltener zu hören. Mancherorts in Deutschland ist der Vogel [...] bereits verschwunden."

Die Datengrundlage mit korrekter Nulllinie und Skalierung: [21]

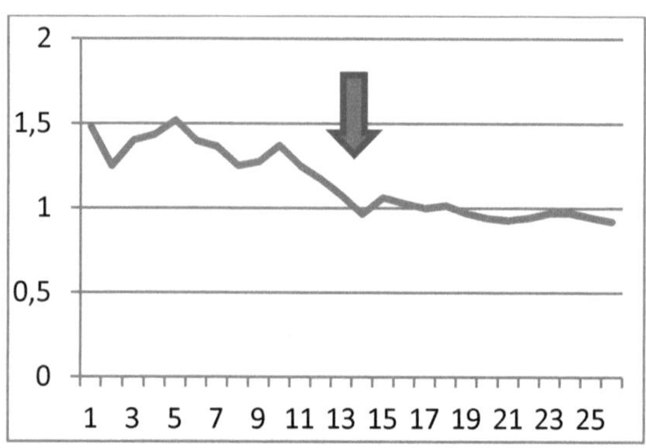

= 2003, Beginn des einheitlichen Zählstandards

(x 1= 1990;   x 26 = 2016)

---

[21] Dachverband Deutscher Avifaunisten (2019): Bestandsentwicklung, Verbreitung und jahreszeitliches Auftreten von Brut- und Rastvögeln in Deutschland. Dachverband Deutscher Avifaunisten, www.dda-web.de/vid-online/, aufgerufen am 18.02.2019

Die fehlende Erklärung: Erst ab Mitte 2003 gibt es eine nach einheitlichen Maßstäben des Bundesamtes für Naturschutz durchgeführte Erfassung der Populationsbestände. Folglich war die Datenerhebung vorher nach „jahrelangen [offensichtlich vergeblichen] Bemühungen" eben kein „dauerhaft angelegtes und qualitativ hochwertiges Programm." Folge: Die Daten waren unbrauchbar!

„[Deutlichen Aufschwung erfahren derzeit die bundesweiten Bestrebungen zur Etablierung qualifizierter Vogelerfassungsprogramme: Bereits im August 2003 wurde am Rande der Konferenz der *European Ornithologists Union"* in Chemnitz die Stiftung Vogelmonitoring Deutschland errichtet, und im Oktober 2003 bewilligte das Bundesamt für Naturschutz das Forschungs- und Entwicklungsvorhaben Monitoring von Vogelarten in Deutschland. *„Damit sind nach* *jahrelangen Bemühungen endlich die Voraussetzungen geschaffen, um auch in Deutschland ein dauerhaft angelegtes und qualitativ hochwertiges Programm zur Überwachung der Populationsbestände von heimischen wie durchziehenden Vogelarten zu etablieren"* Seit Mitte Oktober 2003 läuft das vom Bundesamt für Naturschutz mit Mitteln des Bundesministeriums für Umwelt, Naturschutz und Reaktorsicherheit geförderte Forschungs- und Entwicklungsvorhaben Monitoring von Vogelarten in Deutschland.]"[22] [23]"

Die Anfrage über die dda website am 17.02.2019 mit der Bitte, die Datengrundlage für die Grafik zum Brutvogelbestand der Feldlerchen

---

[22]https://www.dda-web.de/index.php?cat=forschung&subcat=fue [Dachverband deutscher Avifaunisten]
[23] https://www.dda-web.de/downloads/texts/publications/gedeon_et_al_adebar.pdf

bereitzustellen (Zahl der Zählungen, Veränderungen im Schätzverfahren, Beobachtungsgebiete usw.), blieb leider unbeantwortet.

<u>Seit 2003, dem Beginn der „qualifizierten Erfassungsprogramme", über inzwischen 15 Jahre, ist der Bestand im Rahmen des Messfehlers näherungsweise konstant. Das wäre die eigentliche Aussage.</u> Es ist auch nicht erkennbar, was sich in der Landwirtschaft seit 2003 geändert haben sollte, außer dass die ökoideologisch bewirtschaftete Fläche zugenommen hat, was den Lerchen natürlich sehr schadet.

Diese Falschdarstellung des NABU ist vorsätzlich und boshaft. Das ist typisch für eine radikale und extremistische Ideologie.

Beispiel für die Methodik, wie ökoideologische Analysen erstellt werden und ihre Nutzung in den Medien

Beispiel: Handelsblatt Morning Briefing, 11.2.2019:

[Viele **Insekten** stünden kurz vor dem **Aussterben**, es drohe der **„katastrophale Kollaps des Ökosystems der Natur"** – so warnt eine breite **Analyse** von Wissenschaftlern, die jetzt im Journal „Biological Conservation" erschienen ist. Mehr als **40 Prozent** der Insekten-Arten gehen demnach zurück, **ein Drittel** sei gefährdet, heißt es in der **weltweiten Studie**[24]. Die Entwicklung bei Insekten ist um

---

[24] „Worldwide decline oft he entomofauna: A review of ist drivers", Francisco Sanchez Bayo u.a., Biological Conservation Nr. 232 (2019) 8-27

*einiges **drastischer** als bei Säugetieren, Vögeln oder Reptilien. Grund sei, so die Experten, der heftige Gebrauch von **Pestiziden** in der Landwirtschaft. „Ich habe heute ein paar **Blumen** nicht gepflückt, um dir ihr **Leben** zu schenken", dichtete **Christian Morgenstern**.]*

Grundsätzliche Methodenfehler der vom Handelsblatt zitierten Studie:

Die Studie wurde erstellt, indem das Internet nach den drei Begriffen *Insekten*, *Rückgang* und *Untersuchung* durchsucht wurde. Auf diese Weise kann man jede beliebige Behauptung ´beweisen´, je nachdem, welche Suchbegriffe man eingibt. Anderslautende Ergebnisse werden von Vornherein ausgeschlossen.

Als Antrieb für diese neue Analyse wird in der Einleitung die Untersuchung des Hobbyvereins in Krefeld aus 2017 genannt. Dieser ist schon im Ansatz methodisch völlig falsch und hat keine Aussagekraft[25]

Hinsichtlich der Ursachen wird nur mit Vermutungen gearbeitet, die durch diese Analyse geadelt werden und zu Beweisen mutieren. Beispiel S.12 wilde Bienen: " Da Agrarland 70 % der Fläche Britanniens einnimmt, _könnte_ ein kausaler Zusammenhang zwischen dem Rückgang der Individuen und Farm-Management viele Faktoren umfassen, einschließlich Änderungen des Lebensraums und der Nutzung von chemischen Düngern und Pflanzenschutzmitteln."

In der abschließenden Diskussion wird zunächst wie in der Einleitung wieder die Hobby Untersuchung aus Krefeld als Beweis angeführt.

25

http://www.keckl.de/texte/Insekten%20Studie%20Junk%20Science%20okt17.pdf

Wie bei allen anderen für diese Analyse untersuchten Studien wird auch hier die Vermutung der jeweiligen Autoren für die Gründe des vermeintlichen Rückgangs an Insekten als Beweis angesehen. Hinsichtlich der Studie aus Krefeld heißt es (S 21): „...dass der 80 % Rückgang der Biomasse fliegender Insekten in Deutschland nicht durch Ausdehnung des Agrarlandes, Verstädterung oder Klimawandel verursacht wurde, sondern stattdessen _durch einen unbekannten Faktor_, von dem die Autoren glauben, dass es die Nutzung von Pflanzenschutzmitteln ist.“

Bevorzugt nehmen die Autoren der Analyse (hauptsächlich Dudley, Sanchez Bayo) auf ihre eignen vorangegangenen Veröffentlichungen Bezug und führen diese als Beweis an. Tatsächliche Beweise für Kausal- Zusammenhänge zwischen Individuen- Rückgang und Pflanzenschutz fehlen völlig.

Als Schlussfolgerung aus den ausgewerteten Studien wird nicht etwa ein daraus resultierendes Fazit gezogen. Nein, es wird auf eine Veröffentlichung eines der Autoren selber (Dudley) aus 2017 Bezug genommen: „unerbittlicher Gebrauch von synthetischen Pflanzenschutzmitteln ist ein Hauptgrund für das Insektensterben der letzten Zeit.“

Das ist toll: Erst sucht man sich per Internetsuchfunktion nur passende Studien, die die vorgegebene Meinung belegen. Dann begründet man das Ergebnis mit der eigenen unbewiesenen Meinung, die man bereits vorher veröffentlicht hat. Das ganze verkauft man als wissenschaftliche Arbeit. Medien ziehen hieraus die Essenz und hängen bleibt das große Untergangsszenario: Schuld ist die Landwirtschaft.

Kurz zur Krefelder Studie aus 2017[26], dem Beginn der Insekten- Hysterie

Der Rückgang von 1989 auf 2016 wurde im direkten Vergleich an nur einem Standort festgestellt, dem Naturschutzgebiet Orbroicher Bruch. Dieses wurde im betrachteten Zeitraum als Naturschutzmaßnahme wiedervernässt. Große, schwere bodenbrütende Insekten wie Käfer und Hummeln verschwanden, dafür gibt es mehr Stechmücken. Diese wiegen aber bedeutend weniger. Der Rückgang um 75 % wurde aus der Insektenmasse, nicht der Individuenzahl ermittelt.

Alle anderen Standorte haben gewechselt, mal im Acker, mal am Rhein, mal im Wald, mal am

---

[26]

http://journals.plos.org/plosone/article?id=10.1371/journal.pone.0185809

Siedlungsgebiet usw.. Das ist so, als ob ich eine Verkehrszählung heute an der Siegessäule in Berlin und morgen auf der Zufahrt zu einer Alm durchführe, um daraus einen Rückgang des Verkehrsaufkommens abzuleiten.

Der Rückgang von 1989 auf 1991 betrug im Mittel der Messungen an diesen verschiedenen Standorten bereits 62 %. Innerhalb von nur zwei Jahren! Allein daran wird deutlich:

Der Beginn der Zahlenreihe mit seinem zufällig ausgewählten Standort war ein einmaliger Ausreißer nach oben.[27] Für drei Jahre werden keine Daten angegeben.

2011 war das Mittel der gefangenen Insektengewichte je Fangstelle um etwa 50 % höher, als 1991 ! Besprochen oder

---

[27] Satellitenbilder der Messpunkte unter: www.Keckl.de/texte/Satbilder und Waldanteil.pdf

kommentiert wird dieses Ergebnis nicht. Es ist eine Folge der nicht miteinander vergleichbaren, jährlich wechselnden Fangplätze.

Die Krefelder Studie einiger Hobbyforscher hat es geschafft, eine weltumspannende Hysterie, eine Angst vor dem totalen Kollaps hervorzurufen.[28] Sie hat es geschafft, einen eindeutigen Verursacher aufzuzeigen, ohne einen einzigen Nachweis aber unter Unterschlagung aller offensichtlichen Gründe gegen die zweifelhaften Ergebnisse dieser Untersuchung einiger Hobbyforscher. In der Folge verlagern wir unsere Nahrungsproduktion (Rapsöl und künftig möglicherweise bald auch Zucker) teilweise in Länder, die zu diesem Zweck bisher ungenutzte Flächen in Ackerland umwandeln. Toll.

---

[28] Auch im ZDF *heute* um 19 h vom 13.2.2019

Durchgesetzt hat sich auch die Windschutzscheiben - Argumentation. Heute würden weniger Insekten die Windschutzscheiben der Autos verkleben, also gäbe es weniger Insekten. Dabei unbeachtet bleibt, dass die steile Frontscheibe eines VW Käfer oder Golf I natürlich wesentlich mehr Schlagfänge hatte, als eine moderne im Windkanal geformte flach anstehende Scheibe, über die die Luft mitsamt der Insekten hinweggleitet. Auch heute verkleben Windschutzscheiben genauso wie in den 70er Jahren, wenn man mit einem Fahrzeug mit steilerer Scheibe unterwegs ist. Man schaue sich nur das vordere Kennzeichen am Auto an.

In Rothamsted gibt es eine Langzeitstudie nach wissenschaftlichen

Standards[29]. Es ist wohl die einzige dieser Art weltweit. An einem von vier Standorten ist seit 1964 ein Rückgang der Insektenpopulation festzustellen, an drei Standorten ist die Biomasse an Insekten gleichbleibend oder leicht ansteigend. Auch in Agrarlandschaft.

Schon eine einfache grundsätzliche Überlegung zeigt hier die ökoideologische mediale Übertreibung auf: Die Ackerfläche macht 2,8 % der Erdoberfläche oder ca. 10 % der Landmasse aus.[30] Könnte von diesem kleinen Flächenanteil theoretisch überhaupt eine ernste Bedrohung für alle Insekten weltweit ausgehen, wie das Handelsblatt in seinem Morning Briefing die Studie zitiert?

---

[29]

https://farmlandbirds.net/sites/default/files/Decline%20flying%20insects.pdf

[30]

https://www.umweltbundesamt.de/sites/default/files/medien/479/publikationen/globale_landflaechen_biomasse_bf_klein.pdf

Welche Folgen hätte ein vollständiges Verbot des chemischen Pflanzenschutzes?

Die Versorgungslage mit Nahrungsmitteln ist sehr eng und spitzt sich unaufhaltsam zu, da die Bevölkerung gerade der Hauptimportländer rasant wächst[31]. Aus landwirtschaftlichen Jahresabschlüssen Ende des 19. Jahrhunderts[32] lässt sich entnehmen, dass das Ertragsniveau bei Getreide zu der Zeit ohne chemischen Pflanzenschutz dem heutigen im ökoideologischen Ackerbau entspricht. Zu der Zeit verließen aber sehr viele Menschen Deutschland Richtung Amerika, auch getrieben vom Hunger. Dabei lebten im Kaiserreich um 1890 nur 50 Mio. Menschen und die

---

[31] Der Markt für Weizen, Rolf Steinkampf, BoD
[32] Hauptbuch 1888/89- Ein Blick zurück, Heimatbuch des Landkreises Wolfenbüttel 2003

Anbaufläche für Nahrungsmittel war mit zusätzlich Pommern, Schlesien und Ostpreußen deutlich größer.

Würde die Anwendung von chemischen Pflanzenschutzmitteln in Deutschland verboten und würde dieses Verbot folgerichtig dann auch für den Import von Nahrungsmitteln gelten, die unter Einsatz solcher Mittel erzeugt wurden, so wäre das für die deutsche Landwirtschaft eine gute Sache. Die Preise der Nahrungsmittel würden wegen der halbierten Erträge exorbitant steigen. Die Einkommen der Landwirte würden um ein Vielfaches ansteigen, ähnlich wie zum Ende des vorletzten Jahrhunderts, als sie bis zum Fünfzigfachen der Arbeitnehmereinkommen betrugen. Landwirte würden mit großem Abstand zu den reichsten Menschen der Gesellschaft gehören.

<u>Die Landwirtschaft braucht den chemischen Pflanzenschutz nicht. Sehr wohl aber braucht ihn die Bevölkerung.</u>

Für die Gesellschaft wäre das Verbot ein massives Problem. Hungertod, Krankheiten durch Mangelernährung, ein dramatischer Einbruch des Wohlstandes wegen hoher Ausgaben für Nahrungsmittel wären die Folge. Anders als vor 130 Jahren wäre Auswanderung kein Mittel der Wahl, da es keine fruchtbaren dünnbesiedelten Länder mehr gibt, die die Auswanderer aufnehmen könnten. Verdrängungskriege und Völkerwanderung wären die Folge.

Wie in vorigen Jahrhunderten müssten Moore trockengelegt, Wälder gerodet, Heide und Grünland in Acker verwandelt werden, um zumindest etwas mehr Nahrung zu erzeugen.

Epilog

Wir müssen anfangen, selber zu denken. Nicht das nachplappern, was wir in irgendeiner medialen Quelle aufgeschnappt haben. Selber beobachten: Einen blühenden Obstbaum mit seinen Bienen und Hummeln. Auf dem Feld den Lerchen zuhören und sie zählen. Ein frisches Brot essen. Lebensalter auf Grabsteinen ablesen. Morgens die vielen Vogelstimmen zuzuordnen und nachlesen, wovon sie sich ernähren. Einfach mal selber denken. Nicht wie so oft in Deutschland für irgendeine Ideologie einspannen lassen.

Was nicht geht, ist das scheibchenweise Herausnehmen von Wirkstoffen aus der Zulassung bei gleichzeitig unbegrenztem Import der Produkte, für deren Erzeugung diese Einschränkung nicht gilt. Das aber ist heute Stand der Dinge in Deutschland.

Wer bewirkt, dass dort, wo bisher ein Halm wuchs, nunmehr zwei Halme wachsen, der hat mehr für ein Volk geleistet als ein Feldherr, der eine Schlacht gewann.

Friedrich II., der Große

(1712 - 1786), preußischer König, »Der alte Fritz«